Kaushal Kumar
Paramvir Yadav

Noções básicas de medição e instrumentação

Kaushal Kumar
Paramvir Yadav

Noções básicas de medição e instrumentação

ScienciaScripts

Imprint

Cover image: www.ingimage.com

This book is a translation from the original published under ISBN 978-620-7-80771-0.

Publisher:
Sciencia Scripts
is a trademark of
Dodo Books Indian Ocean Ltd. and OmniScriptum S.R.L publishing group

120 High Road, East Finchley, London, N2 9ED, United Kingdom
Str. Armeneasca 28/1, office 1, Chisinau MD-2012, Republic of Moldova, Europe
Printed at: see last page
ISBN: 978-620-8-13160-9

Índice

Prefácio

Numa era definida por rápidos avanços tecnológicos e esforços científicos precisos, a capacidade de medir e interpretar dados com precisão é mais crucial do que nunca. "Fundamentos de Medição e Instrumentação" tem como objetivo dotar estudantes, engenheiros e profissionais de uma compreensão fundamental dos princípios de medição e dos instrumentos que tornam possível a aquisição de dados precisos. Este livro aprofunda os conceitos fundamentais das técnicas de medição, explorando tanto os quadros teóricos como as aplicações práticas. Abrange uma vasta gama de tópicos, desde unidades e padrões básicos a instrumentos electrónicos sofisticados e métodos de análise de dados. O nosso objetivo é fornecer aos leitores não só o conhecimento, mas também a confiança para aplicar estes princípios em diversas áreas, como a engenharia, a física e as ciências ambientais. Através de explicações claras, diagramas ilustrativos e exemplos práticos, esperamos tornar o complexo mundo da medição e da instrumentação acessível e cativante para todos.

Capítulo 1:
Introdução à medição e instrumentação

1.1 Importância da medição na engenharia e na ciência

A medição é fundamental tanto para a engenharia como para a ciência, servindo como pedra angular para a compreensão, quantificação e avanço do conhecimento em várias disciplinas. Na engenharia, as medições precisas são essenciais para conceber, testar e melhorar produtos e sistemas. Quer se trate de garantir a segurança de uma ponte, a eficiência de um motor ou a fiabilidade de um circuito, as medições precisas fornecem dados essenciais para a análise e a tomada de decisões.

Na investigação científica, a medição desempenha um papel fundamental na validação de hipóteses, na observação de fenómenos e no aperfeiçoamento de teorias. O progresso científico depende da capacidade de medir quantidades físicas com precisão, permitindo aos investigadores recolher dados empíricos que apoiam ou desafiam as teorias existentes. Da astronomia à biologia, as técnicas de medição exactas estão na base da integridade e reprodutibilidade das descobertas científicas.

1.2 Evolução histórica das técnicas de medição

A história da medição é tão antiga como a própria civilização humana, evoluindo de ferramentas básicas para técnicas sofisticadas que definem a ciência e a engenharia modernas. As primeiras civilizações desenvolveram sistemas de medição rudimentares baseados em fenómenos naturais observáveis, como o comprimento de um antebraço ou o peso de uma pedra. Estes sistemas eram frequentemente localizados e careciam de padronização, limitando a sua utilidade entre culturas e regiões.

O conceito de unidades padrão surgiu à medida que as sociedades se tornaram mais interligadas, facilitando o comércio, a construção e a investigação científica. Os antigos egípcios, gregos e romanos deram contributos significativos para os primeiros sistemas de medição, lançando as bases para desenvolvimentos futuros. Durante o Renascimento, a necessidade de unidades padronizadas tornou-se cada vez mais evidente, levando ao estabelecimento de sistemas como o sistema métrico no final do século XVIII e o Sistema Internacional de Unidades (SI) no século XX.

Os avanços nas técnicas de medição acompanharam o progresso científico e tecnológico. O Renascimento assistiu ao desenvolvimento de instrumentos precisos, como o astrolábio e o quadrante, que permitiram aos astrónomos cartografar os céus com uma precisão sem precedentes. A Revolução Industrial trouxe inovações na metrologia e na instrumentação, impulsionadas pelas exigências das indústrias em crescimento, como a manufatura e os transportes.

1.3 Conceitos básicos: Unidades, dimensões, exatidão, precisão

1.3.1 Unidades e dimensões

As unidades são quantidades fundamentais utilizadas para exprimir medições de grandezas físicas. Fornecem um quadro normalizado para comparar e comunicar medições em diferentes contextos. O Sistema Internacional de Unidades (SI) define sete unidades de base, incluindo o metro (comprimento), o quilograma (massa), o segundo (tempo), o ampere (corrente eléctrica), o kelvin (temperatura), a mole (quantidade de substância) e a candela (intensidade luminosa).

As dimensões referem-se à natureza das grandezas que estão a ser medidas, como o comprimento, a massa, o tempo, etc. Cada grandeza física tem dimensões específicas que determinam a forma como pode ser medida e expressa em termos de unidades fundamentais. Por exemplo, a velocidade é expressa como o comprimento dividido pelo tempo (m/s).

1.3.2 Exatidão e precisão

A exatidão refere-se à proximidade entre um valor medido e o valor real de uma quantidade. A obtenção de uma elevada exatidão implica a minimização de erros e incertezas nas técnicas de medição, nos instrumentos e nas condições ambientais. Os procedimentos de calibração e de controlo de qualidade são essenciais para garantir medições precisas, tanto na investigação científica como nas aplicações industriais.

A precisão, por outro lado, está relacionada com a consistência ou reprodutibilidade das medições quando repetidas sob as mesmas condições. Uma medição precisa produz resultados semelhantes após a repetição, mesmo que esses resultados se desviem do valor real (exatidão). A precisão pode ser melhorada através de uma calibração cuidadosa, da utilização de instrumentos de alta qualidade e da análise estatística dos dados de medição.

1.4 Papel da instrumentação nos sistemas de medição

A instrumentação engloba as ferramentas, dispositivos e sistemas utilizados para medir, monitorizar e controlar grandezas físicas. Nos sistemas de medição modernos, a instrumentação desempenha um papel crucial na obtenção de uma aquisição de dados precisa, fiável e atempada em diversas aplicações. Os principais componentes da instrumentação incluem sensores, transdutores, unidades de processamento de sinais e sistemas de aquisição de dados, cada um desempenhando funções específicas no processo de medição.

1.5 Sensores e transdutores

Os sensores são dispositivos que detectam e respondem a estímulos físicos, convertendo-os em sinais mensuráveis, como tensões ou correntes eléctricas. São concebidos para serem sensíveis a propriedades físicas específicas, como a temperatura, a pressão, a intensidade da luz e os campos magnéticos. Os transdutores, por sua vez, convertem uma forma de energia noutra, permitindo a medição de quantidades físicas que não são diretamente de natureza eléctrica. Os exemplos incluem termopares para medição de temperatura e extensómetros para análise de tensões mecânicas.

1.6 Processamento de sinais e aquisição de dados

As unidades de processamento de sinais amplificam, filtram e condicionam os sinais eléctricos gerados por sensores e transdutores, garantindo que são adequados para análise posterior. Os conversores analógico-digitais (ADCs) digitalizam os sinais analógicos, permitindo que sejam processados e armazenados digitalmente. Os sistemas de aquisição de dados integram estes componentes para capturar, processar e apresentar dados de medição em tempo real, facilitando a monitorização e análise contínuas.

1.7 Controlo e automatização

Para além da medição e monitorização, a instrumentação é parte integrante dos sistemas de controlo e automação em vários contextos industriais e científicos. Os circuitos de controlo de feedback utilizam dados de medição para ajustar os parâmetros do sistema e manter os resultados desejados dentro de limites predefinidos. A automatização aumenta a eficiência, fiabilidade e segurança, reduzindo a intervenção humana e respondendo rapidamente a condições variáveis.

Capítulo 2:
Sistemas de medição

Os sistemas de medição são fundamentais para vários domínios da engenharia, ciência e indústria, permitindo a quantificação e análise de quantidades físicas. Esta panorâmica abrangente irá aprofundar os componentes de um sistema de medição, a classificação dos instrumentos em categorias analógicas e digitais e a importância dos padrões de medição e calibração.

2.1 Componentes de um sistema de medição

Um sistema de medição típico é constituído por vários componentes interligados que trabalham em conjunto para adquirir, processar e apresentar dados sobre grandezas físicas. A compreensão destes componentes é essencial para a conceção de sistemas de medição eficazes e fiáveis.

2.1.1 Sensores e transdutores

Os sensores e transdutores são dispositivos que convertem grandezas físicas como a temperatura, a pressão, o deslocamento ou a intensidade da luz em sinais eléctricos que podem ser medidos e processados. Os sensores detectam alterações nos estímulos físicos e produzem sinais de saída correspondentes, enquanto os transdutores desempenham uma função semelhante, mas podem também converter uma forma de energia noutra (por exemplo, extensómetros que convertem tensão mecânica em sinais eléctricos).

a. Tipos de sensores e transdutores:

- **Sensores de temperatura:** Termopares, detectores de temperatura por resistência (RTD), termistores.
- **Sensores de pressão:** Sensores piezoeléctricos, sensores capacitivos, transdutores de pressão de strain gauge.
- **Sensores de deslocamento:** LVDT (Linear Variable Differential Transformer), sensores de deslocamento capacitivos, potenciómetros.
- **Sensores de luz:** Fotodíodos, fototransístores, células fotovoltaicas.

A seleção do sensor ou transdutor adequado depende de factores como a propriedade física a medir, o intervalo de medição, os requisitos de precisão, as condições ambientais e as considerações de custo.

2.1.2 Circuitos de condicionamento de sinal

Quando os sinais eléctricos são gerados por sensores ou transdutores, necessitam frequentemente de condicionamento para garantir que são adequados para processamento e análise posteriores. Os circuitos de condicionamento de sinal realizam tarefas como amplificação, filtragem, isolamento e linearização de sinais. Estes circuitos melhoram a qualidade do sinal, reduzem o ruído e adaptam as caraterísticas do sinal para corresponder aos requisitos de entrada das fases subsequentes do sistema de medição.

a. Funções dos circuitos de condicionamento de sinais:

- **Amplificação:** Aumenta a magnitude de sinais fracos para melhorar a relação sinal/ruído.
- **Filtragem:** Remove ruídos e interferências indesejadas do sinal.
- **Linearização:** Ajusta a resposta do sinal para garantir que adere a uma relação linear com a quantidade medida.
- **Isolamento:** Protege o equipamento de medição sensível contra altas tensões e diferenças de potencial de terra.

O condicionamento do sinal assegura a obtenção de dados precisos e fiáveis a partir de sensores/transdutores, mesmo em ambientes de medição difíceis.

2.1.3 Sistemas de aquisição de dados (DAS)

Os sistemas de aquisição de dados (DAS) são responsáveis pela amostragem, digitalização e processamento de sinais analógicos de sensores e transdutores em dados digitais que podem ser armazenados, analisados e visualizados. Estes sistemas consistem tipicamente em:

- **Conversores Analógico-Digitais (ADCs):** Convertem sinais analógicos contínuos em valores digitais discretos adequados ao processamento digital.
- **Unidades de processamento digital de sinais (DSP):** Processam e manipulam sinais digitais para extrair informações relevantes ou efetuar cálculos em tempo real.

- **Microcontroladores ou Processadores:** Controlam o funcionamento do sistema de aquisição de dados e gerem o armazenamento e a transferência de dados.

Os DAS são cruciais nos sistemas de medição modernos, permitindo a monitorização em tempo real, o registo de dados e o controlo automático com base nos parâmetros medidos.

2.1.4 Dispositivos de visualização e de registo

Os resultados de um sistema de medição têm de ser apresentados num formato legível para análise e tomada de decisões. Os dispositivos de visualização e registo cumprem esta função convertendo os dados processados em formatos compreensíveis, tais como ecrãs numéricos, tabelas, gráficos ou registos digitais.

a. Tipos de dispositivos de visualização e de registo:

- **Ecrãs digitais:** Ecrãs LED numéricos, ecrãs LCD que apresentam valores numéricos ou representações gráficas.
- **Ecrãs analógicos:** Medidores ou calibres analógicos que indicam valores de medição utilizando agulhas ou ponteiros.
- **Dispositivos de registo:** Registadores de dados que armazenam medições ao longo do tempo para análise posterior, impressoras para registos em papel ou dispositivos de armazenamento digital (como computadores ou servidores em nuvem) para retenção de dados a longo prazo.

Estes dispositivos permitem aos operadores, engenheiros e investigadores interpretar os resultados das medições de forma rápida e exacta, facilitando a tomada de decisões informadas e a obtenção de conhecimentos.

2.2 Classificação dos instrumentos: Instrumentos Analógicos e Digitais

Os instrumentos utilizados nos sistemas de medição podem ser classificados, em termos gerais, nas categorias analógica e digital, com base na natureza dos seus métodos de saída e de processamento.

2.2.1 Instrumentos analógicos

Os instrumentos analógicos fornecem sinais de saída contínuos que variam em proporção com a quantidade medida. Estes instrumentos utilizam normalmente componentes analógicos, como medidores, manómetros ou osciloscópios, para apresentar os valores de medição diretamente como desvios ou movimentos de ponteiros ou agulhas.

a. Tipos de instrumentos analógicos:

- **Voltímetros e amperímetros analógicos:** Medir a tensão e a corrente, respetivamente, utilizando mecanismos de bobina móvel ou de ferro móvel.
- **Osciloscópios analógicos:** Apresentam as caraterísticas da forma de onda de sinais eléctricos para análise.
- **Manómetros analógicos:** Indicam os níveis de pressão através de movimentos mecânicos ligados a elementos sensores de pressão.

Os instrumentos analógicos são valorizados pela sua simplicidade, leitura imediata e adequação a certos tipos de medições em que é necessário observar diretamente variações contínuas.

2.2.2 Instrumentos digitais

Os instrumentos digitais, pelo contrário, convertem sinais analógicos em valores numéricos discretos utilizando técnicas de processamento digital. Estes instrumentos oferecem medições precisas e são capazes de apresentar os resultados numérica ou graficamente em ecrãs digitais.

a. Tipos de instrumentos digitais:

- **Multímetros digitais (DMMs):** Meça a tensão, a corrente e a resistência com elevada precisão e apresente os resultados em ecrãs digitais.
- **Osciloscópios digitais:** Capturar e analisar representações digitais de formas de onda para análise detalhada de sinais.
- **Termómetros digitais:** Fornecem medições de temperatura exactas e apresentam as leituras digitalmente em graus Celsius ou Fahrenheit.

Os instrumentos digitais são preferidos pela sua precisão, facilidade de integração com sistemas digitais e capacidade de efetuar medições automáticas e registo de dados.

2.3 Padrões de Medição e Calibração

As normas de medição e os procedimentos de calibração garantem a exatidão, fiabilidade e rastreabilidade das medições efectuadas com instrumentos e sistemas de medição. A normalização é crucial para garantir a consistência e a compatibilidade dos resultados das medições entre diferentes instrumentos e laboratórios.

2.3.1 Normas de medição

As normas de medição definem unidades de medida, procedimentos de calibração e protocolos de medição para garantir a uniformidade e a comparabilidade dos resultados. O Sistema Internacional de Unidades (SI) é a norma mundialmente reconhecida para as unidades de medida, proporcionando um quadro coerente para a expressão de grandezas físicas.

a. Aspectos fundamentais das normas de medição:

- **Definições de unidades:** Definições precisas de unidades de base e derivadas (por exemplo, metro, quilograma, segundo) baseadas em constantes fundamentais da natureza.
- **Rastreabilidade:** Assegurar que as medições podem ser rastreadas até às normas reconhecidas internacionalmente através de uma cadeia de calibração.
- **Rastreabilidade metrológica:** A capacidade de relacionar resultados de medições com padrões de referência mantidos por institutos nacionais de metrologia ou laboratórios de calibração acreditados.

2.3.2 Calibração

A calibração é o processo de comparação do desempenho de medição de um instrumento com um padrão de referência conhecido para determinar a sua exatidão e corrigir quaisquer desvios. A calibração assegura que os instrumentos produzem medições fiáveis e precisas durante o seu tempo de vida útil.

a. Tipos de calibração:

- **Calibração primária:** Efectuada utilizando padrões de referência mantidos por institutos nacionais de metrologia ou laboratórios de normalização.
- **Calibração secundária:** Efectuada com instrumentos calibrados rastreáveis aos padrões primários.
- **Calibração no terreno:** Calibração efectuada no local ou no terreno, utilizando equipamento de calibração portátil.

Os intervalos de calibração dependem da utilização do instrumento, das condições ambientais e das recomendações do fabricante. A calibração e recalibração regulares são essenciais para manter a exatidão das medições e a conformidade com as normas de qualidade.

Capítulo 3:
Sensores e transdutores

3.1 Princípios da deteção: Eléctrica, mecânica e ótica

Os sensores e transdutores são componentes essenciais dos sistemas de medição, convertendo quantidades físicas em sinais eléctricos que podem ser processados, analisados e apresentados. Funcionam com base em diferentes princípios de deteção, dependendo da propriedade física que está a ser medida.

3.1.1 Princípios da deteção eléctrica

Os sensores eléctricos utilizam alterações nas propriedades eléctricas, como a resistência, a capacitância ou a tensão, para detetar variações nos parâmetros físicos. Os princípios comuns de deteção eléctrica incluem:

- **Variação da resistência:** Sensores como termístores e extensómetros alteram a resistência com a temperatura ou com a tensão mecânica, respetivamente.
- **Variação capacitiva:** Os sensores capacitivos medem as alterações na capacitância devido a variações na distância, pressão ou outros parâmetros físicos.
- **Geração de tensão:** Sensores como os termopares geram uma tensão proporcional às diferenças de temperatura entre as junções.

3.1.2 Princípios da deteção mecânica

Os sensores mecânicos detectam a deformação física ou o movimento causado por forças externas ou alterações ambientais. Os principais princípios de deteção mecânica incluem:

- **Medição de tensão:** Os medidores de tensão detectam alterações na tensão ou deformação de um material sob carga, convertendo a tensão mecânica num sinal elétrico.
- **Medição de força:** As células de carga e os sensores piezoeléctricos convertem a força mecânica ou a pressão numa saída eléctrica.
- **Medição de deslocamentos:** Os potenciómetros e os LVDTs (Transformadores Diferenciais Variáveis Lineares) medem o deslocamento linear ou angular convertendo o movimento mecânico em sinais eléctricos.

3.1.3 Princípios da deteção ótica

Os sensores ópticos baseiam-se na interação entre a luz e a matéria para medir parâmetros físicos. Os princípios da deteção ótica incluem:

- **Absorção/Transmissão de luz:** Os fotodíodos e os fototransístores medem a intensidade da luz convertendo os fotões em corrente eléctrica.
- **Reflexão/Refração:** Os sensores ópticos podem detetar alterações na posição, proximidade ou caraterísticas da superfície com base na reflexão ou refração da luz.
- **Interferência/Espalhamento:** Os sensores de fibra ótica utilizam alterações nos padrões de interferência da luz ou efeitos de dispersão para medir parâmetros como a temperatura ou a tensão.

3.2 Tipos de sensores

Os sensores são classificados em vários tipos com base nas quantidades físicas que medem. Cada tipo de sensor tem caraterísticas e aplicações específicas, tornando-o adequado para diferentes ambientes e requisitos de medição.

3.2.1 Sensores de temperatura

Os sensores de temperatura medem as variações de temperatura em diferentes ambientes e aplicações. Os tipos mais comuns incluem:

- **Termopares:** Estes sensores são constituídos por dois metais diferentes que geram uma tensão proporcional à diferença de temperatura entre as junções.
- **RTDs (Detectores de Temperatura por Resistência):** Os RTDs utilizam o princípio da alteração da resistência eléctrica com a temperatura, oferecendo maior precisão e estabilidade em comparação com os termopares.
- **Termístores:** Os termístores são dispositivos resistivos cuja resistência muda significativamente com a temperatura, oferecendo uma elevada sensibilidade, mas muitas vezes limitada a gamas de temperatura estreitas.

3.2.2 Sensores de pressão

Os sensores de pressão medem as variações de pressão em gases ou líquidos, cruciais para aplicações industriais, automóveis e aeroespaciais. Os tipos de sensores de pressão incluem:

- **Sensores Piezoeléctricos:** Estes sensores geram uma carga eléctrica em resposta à pressão ou tensão mecânica, oferecendo uma elevada sensibilidade e gama dinâmica.
- **Transdutores de pressão de strain gauge:** Os extensómetros ligados a diafragmas deformam-se sob pressão, causando uma alteração na resistência que é medida eletronicamente.
- **Sensores de pressão capacitivos:** Estes sensores medem as alterações induzidas pela pressão na capacitância, oferecendo uma elevada precisão e estabilidade numa vasta gama de pressões.

3.2.3 Sensores de caudal

Os sensores de fluxo medem a taxa de fluxo de fluidos em condutas ou canais, essenciais para monitorizar e controlar a dinâmica de fluidos em vários sistemas. Os tipos de sensores de caudal incluem:

- **Medidores de caudal de turbina:** Estes sensores utilizam um rotor montado no percurso do caudal para medir o caudal com base na velocidade do rotor.
- **Sensores de caudal ultra-sónicos:** Os sensores ultra-sónicos medem o caudal detectando o atraso temporal ou o desvio Doppler das ondas ultra-sónicas transmitidas através do fluido.
- **Medidores de caudal magnéticos:** Estes sensores medem o caudal com base na tensão induzida gerada por um fluido condutor que se move através de um campo magnético.

3.2.4 Sensores de posição e de deslocamento

Os sensores de posição e deslocamento medem alterações de posição linear ou angular, essenciais para robótica, automação e maquinaria de precisão. Os tipos incluem:

- **LVDT (Transformador Diferencial Variável Linear):** Os LVDTs são sensores de deslocamento precisos que medem o movimento linear, traduzindo-o numa saída eléctrica proporcional à posição de um núcleo magnético.
- **Potenciómetros:** Os potenciómetros convertem o deslocamento mecânico linear ou rotativo numa alteração da resistência, que é medida para determinar a posição.
- **Codificadores ópticos:** Os codificadores ópticos utilizam sensores de luz e fotoeléctricos para converter as alterações de posição mecânica em sinais digitais, oferecendo uma elevada resolução e precisão.

3.3 Critérios de seleção dos sensores

A escolha do sensor correto envolve a consideração de vários factores-chave para garantir a compatibilidade com os requisitos da aplicação e as condições ambientais:

3.3.1 Condições ambientais

- **Gama de temperaturas:** Assegurar que o sensor pode funcionar dentro do intervalo de temperatura necessário sem degradação do desempenho.
- **Pressão e humidade:** Considere os níveis de pressão e humidade ambiente para selecionar um sensor que possa suportar estas condições.
- **Exposição química:** Avaliar a resistência do sensor a substâncias químicas presentes no ambiente.
- **Vibração e choque:** Determinar se o sensor pode suportar vibrações mecânicas e choques típicos do ambiente da aplicação.

3.3.2 Gama de medição e precisão

- **Intervalo de medição:** Selecione um sensor com um intervalo de medição que cubra as variações esperadas no parâmetro que está a ser medido.
- **Precisão:** Considerar os requisitos de exatidão do sensor em relação à precisão e tolerâncias de medição pretendidas.

3.3.3 Tempo e frequência de resposta

- **Tempo de resposta:** Escolha um sensor com um tempo de resposta adequado à dinâmica das alterações do parâmetro medido.

- **Resposta em frequência:** Para medições dinâmicas, certifique-se de que a resposta em frequência do sensor corresponde à frequência do sinal de interesse.

3.3.4 Sinal de saída e interface

- **Sinal de saída:** Considerar se o sensor fornece saída analógica (tensão, corrente) ou digital (impulso, dados em série) e compatibilidade com sistemas de aquisição de dados.
- **Compatibilidade da interface:** Assegurar que a interface do sensor é compatível com os sistemas de medição existentes ou pode ser facilmente integrada.

3.3.5 Custo e manutenção

- **Custo inicial:** Avaliar o custo inicial de aquisição do sensor em relação às restrições orçamentais.
- **Manutenção:** Considerar os requisitos de manutenção a longo prazo, incluindo os intervalos de calibração e o tempo de vida útil do sensor.

3.4 Caraterísticas dos sensores

Os sensores apresentam várias caraterísticas que definem o seu desempenho e adequação a aplicações específicas:

3.4.1 Sensibilidade

A sensibilidade refere-se à alteração no sinal de saída por unidade de alteração no parâmetro medido. Os sensores de alta sensibilidade detectam pequenas variações na quantidade medida, enquanto os sensores de baixa sensibilidade requerem alterações maiores para produzir uma saída percetível.

3.4.2 Alcance

O intervalo de medição define os valores mínimo e máximo do parâmetro que um sensor pode medir com exatidão. Os sensores devem ser selecionados com uma gama que cubra as variações esperadas no parâmetro medido sem exceder os limites operacionais.

3.4.3 Resolução

A resolução refere-se à mais pequena alteração detetável no parâmetro medido que pode ser distinguida do ruído ou de outras fontes de erro. Os sensores de maior resolução fornecem uma granularidade de medição mais fina, aumentando a exatidão e a precisão.

3.4.4 Linearidade

A linearidade indica a proximidade com que a saída do sensor segue uma linha reta ao traçar os valores de entrada versus saída ao longo da gama de medição. Idealmente, os sensores devem apresentar uma resposta linear para garantir medições exactas em toda a gama.

3.4.5 Histerese

A histerese refere-se à diferença na saída do sensor para o mesmo valor de entrada, dependendo do facto de o valor de entrada estar a aumentar ou a diminuir. É causada por fricção interna ou inércia dentro do sensor e pode afetar a precisão da medição, especialmente em aplicações dinâmicas.

Capítulo 4:
Condicionamento de sinal

O condicionamento de sinais é um aspeto crucial da instrumentação eletrónica e dos sistemas de medição, envolvendo a manipulação e a preparação de sinais de sensores ou transdutores antes do seu processamento ou análise posterior. Este processo assegura que os sinais são adequados para medições precisas, aquisição de dados e interpretação subsequente. Os principais componentes do condicionamento do sinal incluem técnicas de amplificação, atenuação, filtragem, redução do ruído e isolamento, cada uma delas servindo para melhorar a qualidade e a fiabilidade do sinal em várias aplicações.

4.1 Amplificação e atenuação

4.1.1 Amplificação

A amplificação envolve o aumento da magnitude de um sinal elétrico para um nível desejado, assegurando que os sinais fracos dos sensores ou transdutores são suficientemente fortes para uma medição e processamento precisos. Os amplificadores são componentes essenciais nos circuitos de condicionamento de sinal, oferecendo vários ganhos e configurações com base nos requisitos da aplicação.

a. Tipos de amplificadores:

- **Amplificadores operacionais (Op-Amps):** Os amplificadores operacionais são circuitos integrados versáteis amplamente utilizados para amplificação devido ao seu elevado ganho, entrada diferencial e baixa impedância de saída. Podem ser configurados em diferentes configurações, como amplificadores inversores, não inversores, diferenciais e de instrumentação.
- **Amplificadores de transístor:** Os transístores de junção bipolar (BJTs) e os transístores de efeito de campo (FETs) são utilizados em aplicações específicas que requerem um ganho elevado, baixo ruído ou uma resposta de alta frequência.

b. Técnicas de amplificação:

- **Amplificação de tensão:** Aumento do nível de tensão do sinal, mantendo as mesmas caraterísticas da forma de onda.

- **Amplificação de corrente:** Aumentar o nível de corrente do sinal, o que é útil para acionar cargas ou transmitir sinais a longas distâncias.

c. **Aplicações de Amplificação:**

- **Sinais de sensores:** Amplificação de sinais de sensores como termopares, extensómetros ou fotodíodos para melhorar a sensibilidade e a resolução.
- **Sistemas de comunicação:** Reforço de sinais fracos em telecomunicações para uma transmissão e receção mais claras.
- **Equipamento médico:** Melhoria dos sinais biomédicos de eléctrodos ou sensores para uma monitorização e diagnóstico precisos.

4.1.2 Atenuação

A atenuação reduz a amplitude de um sinal elétrico sem afetar significativamente a sua forma de onda, sendo frequentemente utilizada para ajustar os níveis de sinal para corresponder aos requisitos de entrada de circuitos subsequentes ou para proteger componentes sensíveis contra sobrecargas.

a. **Tipos de atenuadores:**

- **Divisores de tensão:** Redes resistivas que dividem a tensão de entrada em fracções mais pequenas, proporcionando rácios de atenuação determinados pelos valores das resistências.
- **Atenuadores Pi e T:** Configurações de resistências e condensadores que fornecem atenuação variável ou fixa numa gama de frequências.

b. **Técnicas de atenuação:**

- **Atenuação fixa:** Redução consistente da amplitude do sinal numa quantidade fixa, útil para calibrar sinais ou ajustar os níveis de sinal em aplicações específicas.
- **Atenuação variável:** Níveis de atenuação ajustáveis, permitindo o ajuste fino das amplitudes do sinal para diferentes condições de funcionamento.

c. **Aplicações da atenuação:**

- **Correspondência de sinal:** Correspondência dos níveis de sinal entre diferentes fases de amplificação ou processamento para evitar distorção ou perda de sinal.
- **Proteção contra sobrecarga:** Proteção do equipamento sensível contra níveis de sinal excessivos que podem danificar os componentes ou provocar avarias.

4.2 Técnicas de filtragem: Filtros passa-baixo, passa-alto e passa-banda

Os filtros são essenciais no condicionamento do sinal para passar seletivamente os componentes de frequência desejados enquanto atenuam as frequências indesejadas. São utilizados para melhorar a qualidade do sinal, reduzindo o ruído, melhorando a relação sinal/ruído e concentrando-se em gamas de frequência específicas relevantes para a aplicação.

4.2.1 Filtros passa-baixo

Os filtros passa-baixo passam sinais com frequências abaixo de uma frequência de corte especificada, atenuando as frequências mais altas. São eficazes na eliminação de ruído ou harmónicos de alta frequência, assegurando que apenas passam os componentes de baixa frequência desejados.

a. Tipos de filtros passa-baixo:

- **Filtros RC:** Composto por resistências e condensadores, proporcionando caraterísticas passa-baixo simples e eficazes.
- **Filtros activos:** Utilizam amplificadores operacionais e componentes passivos para obter frequências de corte precisas e caraterísticas de roll-off acentuadas.
- **Filtros Butterworth:** Maximizam a planicidade na banda passante com uma transição gradual da banda passante para a banda de paragem.
- **Filtros Chebyshev:** Oferecem um roll-off mais acentuado à custa da ondulação da banda passante, adequados para aplicações que requerem cortes mais acentuados.

b. Aplicações de filtros passa-baixo:

- **Condicionamento de sinal:** Remoção de ruído de alta frequência ou interferência dos sinais do sensor antes da conversão analógico-digital.
- **Processamento de áudio:** Filtragem de ruído de alta frequência ou distorção em sinais de áudio para uma reprodução de som mais nítida.

4.2.2 Filtros passa-altas

Os filtros passa-alto passam sinais com frequências acima de uma frequência de corte especificada, atenuando as frequências mais baixas. São utilizados para remover ruído de baixa frequência ou componentes DC indesejados dos sinais, permitindo apenas a passagem de componentes de frequência mais elevada.

a. **Tipos de filtros passa-altas:**

- **Filtros RC:** Semelhantes aos filtros RC passa-baixo, mas configurados para passar frequências mais altas e atenuar frequências mais baixas.
- **Filtros activos:** Incorporam amplificadores operacionais e componentes passivos para alcançar frequências de corte precisas e caraterísticas de roll-off acentuadas.
- **Filtros Butterworth e Chebyshev:** Princípios de conceção semelhantes aos dos filtros passa-baixo, mas adaptados a aplicações passa-alto.

b. **Aplicações de filtros passa-altas:**

- **Remoção de desvio de CC:** Eliminação do desvio DC ou do desvio da linha de base nos sinais do sensor antes do processamento posterior.
- **Análise de resposta de frequência:** Isolamento de componentes de alta frequência para análise detalhada em aplicações de telecomunicações ou áudio.

4.2.3 Filtros passa-banda

Os filtros passa-banda passam seletivamente sinais dentro de uma gama especificada de frequências (largura de banda) enquanto atenuam as frequências fora dessa gama. São úteis para isolar bandas de frequência específicas relevantes para a aplicação, rejeitando eficazmente componentes de baixa e alta frequência.

a. **Tipos de filtros passa-banda:**

- **Filtros activos:** Utilizam amplificadores operacionais e componentes passivos para obter um controlo preciso da frequência central e da largura de banda.
- **Filtros passivos:** Compostos por resistências, condensadores e indutores para criar caraterísticas de passagem de banda sem amplificação ativa.

b. Aplicações de filtros passa-banda:

- **Análise de sinais:** Filtragem de bandas de frequência específicas para análise do espetro ou medições no domínio da frequência.
- **Sistemas de comunicação:** Seleção e amplificação de canais de frequência específicos em aplicações de rádio ou telecomunicações.

4.3 Métodos de redução do ruído

O ruído nos sinais pode degradar a precisão da medição e afetar o desempenho do sistema. As técnicas de redução do ruído visam minimizar as perturbações indesejadas, assegurando que os sinais são limpos e fiáveis para uma medição e análise precisas.

4.3.1 Fontes de ruído

- **Interferência ambiental:** Interferência electromagnética (EMI), interferência de radiofrequência (RFI) e ruído elétrico ambiente de equipamentos ou fontes de alimentação próximos.
- **Ruído interno:** Ruído térmico, ruído de disparo e ruído de cintilação gerado nos componentes electrónicos, como resistências, condensadores e amplificadores.

4.3.2 Técnicas de redução do ruído

- **Blindagem e ligação à terra:** Barreiras físicas e técnicas de ligação à terra para minimizar a EMI e RFI de fontes externas.
- **Cablagem de par entrançado:** A torção dos fios de sinal ajuda a reduzir a suscetibilidade a interferências electromagnéticas.
- **Contas de ferrite:** Colocação de esferas de ferrite à volta dos cabos de sinal para suprimir o ruído de alta frequência.
- **Condensadores de bypass:** Ligação de condensadores entre as linhas de alimentação e a terra para filtrar o ruído de alta frequência.
- **Sinalização diferencial:** Transmissão de sinais de forma diferencial (positiva e negativa) para cancelar o ruído de modo comum captado pelas linhas de sinal.

4.3.3 Técnicas analógicas

- **Filtros:** Filtros passa-baixo, passa-alto e passa-banda para atenuar o ruído fora da largura de banda do sinal.
- **Isolamento:** Utilização de técnicas de isolamento para separar circuitos sensíveis de ambientes ruidosos, tais como isoladores ópticos ou transformadores.

4.3.4 Técnicas digitais

- **Processamento digital de sinais (DSP):** Algoritmos de filtragem implementados em software para remover ou reduzir o ruído de sinais digitalizados.
- **Cálculo da média e suavização:** Técnicas estatísticas aplicadas a várias amostras para calcular a média do ruído e melhorar a relação sinal/ruído.

4.3.5 Técnicas adaptativas

- **Filtros adaptativos:** Algoritmos que ajustam as caraterísticas do filtro em tempo real com base nas caraterísticas do ruído e nas variações do sinal.
- **Filtragem de Kalman:** Método estatístico de filtragem e suavização de sinais ruidosos baseado num algoritmo recursivo.

4.4 Técnicas de isolamento

As técnicas de isolamento são utilizadas para proteger os circuitos electrónicos sensíveis de interações indesejadas com outros circuitos, fontes de alimentação ou ambientes externos. Evitam loops de terra, reduzem o acoplamento de ruído e garantem a segurança nos sistemas de medição e controlo.

4.4.1 Tipos de técnicas de isolamento

- **Isolamento ótico:** Utiliza componentes ópticos, como LEDs e fotodiodos, para transmitir sinais através de um espaço de ar ou meio ótico, proporcionando um elevado isolamento e imunidade a interferências eléctricas.
- **Isolamento de transformadores:** Utiliza a indução electromagnética entre os enrolamentos primário e secundário dos transformadores para transmitir sinais, proporcionando simultaneamente um isolamento galvânico entre circuitos.

- **Isolamento capacitivo:** Utiliza o acoplamento capacitivo para transmitir sinais enquanto isola eletricamente os circuitos de entrada e saída, adequado para aplicações de baixa potência e alta frequência.

4.4.2 Vantagens do isolamento

- **Segurança eléctrica:** Protege os operadores e o equipamento contra tensões elevadas e diferenças de potencial entre circuitos interligados.
- **Redução de ruído:** Minimiza a interferência e os problemas de loop de terra ao interromper os caminhos eléctricos que poderiam conduzir ruído ou interferência.
- **Integridade do sinal:** Assegura uma transmissão precisa do sinal sem distorção ou degradação devido a interferências eléctricas.

4.4.3 Aplicações das técnicas de isolamento

- **Instrumentos médicos:** Isolamento dos circuitos ligados aos doentes das fontes de alimentação e dos sistemas de controlo para evitar riscos eléctricos.
- **Sistemas de controlo industrial:** Isolamento dos sinais de controlo dos circuitos de alimentação de alta tensão para garantir um funcionamento seguro e fiável.
- **Comunicação de dados:** Isolamento de sinais de dados em equipamento de telecomunicações e de ligação em rede para evitar circuitos de terra e melhorar a integridade do sinal.

Capítulo 5:
Sistemas de aquisição de dados

Os sistemas de aquisição de dados (DAQ) fazem parte integrante de vários domínios, incluindo a investigação científica, a engenharia, a automação industrial e a monitorização ambiental. Facilitam o processo de conversão de sinais analógicos de sensores ou transdutores em dados digitais para análise, armazenamento e processamento posterior. Esta panorâmica abrangente abordará os componentes dos sistemas DAQ, os princípios da conversão analógico-digital (ADC) e da conversão digital-analógica (DAC), o teorema da amostragem, a reconstrução de sinais e os diferentes tipos de sistemas DAQ.

5.1 Conversão analógico-digital (ADC)

A conversão analógico-digital é o processo de transformação de sinais analógicos contínuos em representações digitais discretas adequadas para processamento e análise digital. Os ADC são componentes essenciais nos sistemas de aquisição de dados, permitindo a monitorização, medição e controlo em tempo real de parâmetros físicos.

5.1.1 Princípios da ADC

Os ADCs funcionam com base nos princípios de amostragem e quantização:

1. **Amostragem:** Os sinais analógicos são amostrados em intervalos regulares de tempo. A taxa de amostragem determina a frequência com que o sinal é amostrado por segundo (em Hz ou amostras por segundo, S/s).
2. **Quantização:** Cada valor amostrado é então quantizado num número digital, normalmente representado como dígitos binários (bits). A resolução de um ADC determina o número de bits utilizados para representar cada amostra, influenciando a precisão e exatidão da saída digital.

5.1.2 Tipos de ADC

Os ADC variam em termos de arquitetura e caraterísticas de desempenho, adaptados a diferentes aplicações com base em factores como a velocidade, a resolução e a gama de sinais de entrada:

- **ADCs de aproximação sucessiva:** Eficiente para velocidades e resoluções moderadas, utilizando um algoritmo de pesquisa binária para convergir para a representação digital da entrada analógica.
- **ADCs Delta-Sigma (ΔΣ):** Conversores de alta resolução adequados para medições precisas, que utilizam técnicas de sobreamostragem e de modelação do ruído para obter uma gama dinâmica elevada e um desempenho com baixo ruído.
- **ADCs Flash:** Rápido e eficiente para aplicações de alta velocidade, convertendo diretamente entradas analógicas em saídas digitais utilizando comparadores e redes resistivas.
- **ADCs de pipeline:** Combina elementos de ADCs de aproximação sucessiva e flash, oferecendo alta velocidade e resolução moderada adequada para aplicações industriais e de comunicações.

5.1.3 Aplicações do ADC

- **Interface do sensor:** Conversão de sinais de sensores analógicos (como temperatura, pressão ou tensão) em formato digital para medição e análise.
- **Processamento de sinais:** Facilitar os algoritmos de processamento de sinais digitais (DSP) para filtragem, modulação/demodulação e análise espetral.
- **Sistemas de comunicação:** Conversão de sinais de voz analógicos em sistemas de telecomunicações em sinais digitais para transmissão e processamento.

5.2 Conversão digital-analógica (DAC)

A conversão digital-analógica é o processo de conversão de sinais digitais discretos em formas de onda analógicas contínuas. Os DACs são cruciais em aplicações que requerem a geração de sinais de saída analógicos para fins de controlo, comunicação e teste.

5.2.1 Princípios do CAD

Os DACs reconstroem formas de onda analógicas a partir de dados digitais através dos seguintes processos:

1. **Entrada digital:** Os dados digitais em formato binário (representados por bits) são introduzidos no DAC.

2. **Conversão:** O DAC converte a entrada digital numa saída analógica de tensão ou corrente correspondente.
3. **Filtragem:** Os sinais de saída analógicos podem ser filtrados para remover componentes indesejáveis, como ruído de quantização ou artefactos de alta frequência.

5.2.2 Tipos de DAC

Os DACs variam em termos de arquitetura e adequação às aplicações, dependendo de factores como a resolução, a velocidade e a gama de saída:

- **DACs com ponderação binária:** A forma mais simples, em que cada bit digital corresponde a uma resistência ou fonte de corrente ponderada específica.
- **DACs de escada R-2R:** Utiliza uma rede de resistências em escada para fornecer uma conversão precisa e estável de códigos digitais em tensões analógicas.
- **DACs Delta-Sigma:** Semelhante aos ADCs delta-sigma, oferecendo alta resolução e desempenho de baixo ruído para aplicações de áudio e instrumentação.
- **DACs de direção de corrente:** Utiliza fontes de corrente ligadas e desligadas para gerar saídas de tensão precisas, adequadas para aplicações de alta velocidade.

5.2.3 Aplicações do DAC

- **Geração de saída analógica:** Produção de sinais analógicos para sistemas de controlo, síntese de formas de onda e modulação em sistemas de comunicação.
- **Síntese digital:** Geração de formas de onda analógicas precisas para fins de ensaio e simulação em eletrónica e telecomunicações.
- **Reconstrução de sinais:** Conversão de sinais áudio digitais em analógicos para reprodução em equipamentos áudio e sistemas multimédia.

5.3 Teorema da Amostragem e Reconstrução do Sinal

O teorema da amostragem, também conhecido como teorema de Nyquist, estabelece a relação entre os sinais em tempo contínuo e as suas representações em tempo discreto através dos processos de amostragem e reconstrução.

5.3.1 Teorema da amostragem

O teorema de amostragem de Nyquist-Shannon afirma que, para que um sinal em tempo contínuo seja reconstruído com precisão a partir das suas amostras, a frequência de amostragem (fs) deve ser, pelo menos, o dobro da componente de frequência máxima (fmax) presente no sinal:

- **Taxa de amostragem:** A taxa à qual os sinais analógicos são amostrados para produzir amostras discretas para conversão digital.
- **Frequência de Nyquist:** Metade da taxa de amostragem, representando a frequência máxima que pode ser representada com precisão pelos dados amostrados.

5.3.2 Reconstrução de sinais

A reconstrução de sinais envolve o processo de conversão de amostras em tempo discreto numa representação em tempo contínuo do sinal original. Este processo é crucial para assegurar que as representações digitais reflectem com precisão as caraterísticas dos sinais analógicos que estão a ser medidos ou gerados.

- **Filtros de reconstrução:** Os filtros passa-baixo são utilizados para suavizar as amostras discretas e reconstruir a forma de onda analógica original sem aliasing ou distorção.
- **Filtros anti-aliasing:** Filtros aplicados antes da amostragem para remover componentes de alta frequência acima da frequência de Nyquist, evitando efeitos de aliasing nos dados amostrados.

5.4 Tipos de sistemas de aquisição de dados: Autónomo vs Baseado em computador

Os sistemas de aquisição de dados são categorizados com base na sua configuração e integração com dispositivos informáticos, oferecendo flexibilidade e escalabilidade em várias aplicações.

5.4.1 Sistemas autónomos de aquisição de dados

Os sistemas DAQ autónomos consistem em unidades de hardware integradas que incluem ADCs, DACs, circuitos de condicionamento de sinal e capacidades de processamento num único invólucro. Estes sistemas são normalmente utilizados em aplicações em que a aquisição de dados em tempo real, o processamento local e o controlo são necessários sem dependência de recursos informáticos externos.

5.4.2 Caraterísticas dos sistemas DAQ autónomos:

- **Processamento incorporado:** Microcontroladores ou processadores de sinais digitais (DSP) incorporados para processamento de dados em tempo real e algoritmos de controlo.
- **Armazenamento local:** Memória ou armazenamento a bordo para armazenamento em buffer e registo dos dados adquiridos.
- **E/S analógica e digital:** Entradas/saídas analógicas integradas e portas de E/S digitais para interface com sensores, actuadores e dispositivos externos.
- **Interface do utilizador:** Ecrãs incorporados, teclados ou ecrãs tácteis para operação e configuração locais.

5.4.3 Aplicações de sistemas DAQ autónomos:

- **Automação industrial:** Monitorização e controlo dos processos de fabrico, monitorização do estado das máquinas e controlo da qualidade.
- **Medições no terreno:** Monitorização ambiental, deteção remota e aquisição móvel de dados em ambientes exteriores ou adversos.
- **Sistemas incorporados:** Integração em aplicações incorporadas, como robótica, sistemas automóveis e veículos aéreos não tripulados (UAV).

5.4.4 Sistemas de aquisição de dados baseados em computador

Os sistemas DAQ baseados em computador fazem interface com dispositivos informáticos externos, como PCs ou computadores industriais, tirando partido do seu poder de processamento e capacidades de software para aquisição, análise e visualização de dados.

5.4.5 Componentes de sistemas DAQ baseados em computador:

- **Hardware DAQ:** Módulos ou placas externas (PCI, PCIe, USB, Ethernet) que se ligam ao computador através de interfaces padrão.

- **Interface de software:** Controladores de dispositivos, bibliotecas e interfaces gráficas de utilizador (GUIs) para configurar, controlar e adquirir dados do hardware DAQ.
- **Transferência de dados:** Protocolos de transferência de dados de alta velocidade (USB, Ethernet) para transmissão de dados para o computador para análise e armazenamento em tempo real.
- **Integração com ferramentas de software:** Compatibilidade com linguagens de programação (LabVIEW, MATLAB) e software de análise de dados para o desenvolvimento de aplicações personalizadas.

5.4.6 Vantagens dos sistemas DAQ baseados em computador:

- **Poder de processamento:** Utiliza o poder de computação do computador anfitrião para cálculos complexos, processamento de dados e análise.
- **Escalabilidade:** Capacidades de expansão através de módulos/cartões DAQ adicionais para aumentar a contagem de canais, taxas de amostragem ou medições especializadas.
- **Personalização:** Integração com ferramentas e bibliotecas de software de terceiros para análise de dados, visualização e relatórios personalizados.

5.4.7 Aplicações de sistemas DAQ baseados em computador:

- **Investigação e desenvolvimento:** Experimentação científica, registo de dados e análise em laboratórios e instalações de investigação.
- **Teste e medição:** Ensaios automóveis, ensaios aeroespaciais e desenvolvimento de produtos para avaliação e validação do desempenho.
- **Objectivos educativos:** Aprendizagem prática em ambientes académicos para ensinar princípios de aquisição de dados, medição e controlo.

Capítulo 6:
Sistemas de visualização e registo

Os sistemas de visualização e registo desempenham um papel crucial na apresentação e documentação de dados adquiridos a partir de várias fontes, como sensores, instrumentos e sistemas de controlo. Estes sistemas facilitam a monitorização em tempo real, a análise e o rastreio histórico de parâmetros críticos para aplicações científicas, industriais e de engenharia. Esta panorâmica abrangente explora os tipos de ecrãs, as técnicas de visualização de dados e os métodos de registo de dados utilizados nos sistemas modernos.

6.1 Tipos de ecrãs

Os ecrãs são essenciais para a visualização de dados em tempo real, fornecendo feedback imediato a operadores, engenheiros ou investigadores. A escolha do tipo de ecrã depende de factores como a legibilidade, a precisão, o tempo de resposta e as condições ambientais.

6.1.1 Contadores analógicos

Os contadores analógicos utilizam movimentos mecânicos para indicar a magnitude de uma quantidade medida numa escala. Oferecem um feedback visual contínuo através de um ponteiro ou agulha que se move numa escala calibrada. Os tipos mais comuns incluem:

- **Voltímetros e amperímetros analógicos:** Apresentam os níveis de tensão eléctrica e de corrente, respetivamente, utilizando escalas analógicas e indicadores de agulha.
- **Manómetros analógicos:** Medem e indicam as pressões de fluidos ou gases utilizando tubos Bourdon ou diafragmas, com um mostrador que indica a pressão em psi, bar ou outras unidades.

Caraterísticas:

- **Leitura instantânea:** Fornece uma indicação visual imediata do parâmetro medido.
- **Sem necessidade de energia:** Funciona exclusivamente com base em princípios mecânicos, sendo adequado para ambientes onde a disponibilidade de energia é limitada.

Aplicações:

- **Monitorização industrial:** Monitorização dos níveis de tensão, corrente e pressão em máquinas e equipamentos industriais.
- **Instrumentos de campo:** Medidores analógicos portáteis para medições no local em condições de campo.

6.1.2 Ecrãs digitais

Os ecrãs digitais apresentam os dados em formatos numéricos ou alfanuméricos, oferecendo leituras precisas e maior legibilidade em comparação com os ecrãs analógicos. Utilizam componentes electrónicos como díodos emissores de luz (LEDs), ecrãs de cristais líquidos (LCDs) ou módulos de leitura digital (DRO).

- **Ecrãs LED:** Emitem luz quando são acionados eletricamente, sendo habitualmente utilizados para apresentações numéricas em relógios, calculadoras e instrumentos digitais.
- **Ecrãs LCD:** Utilizam a tecnologia de cristais líquidos para apresentar caracteres ou gráficos, oferecendo um menor consumo de energia e um contraste mais nítido do que os LEDs.

Caraterísticas:

- **Elevada exatidão:** Fornece valores numéricos precisos com resolução digital, adequados para aplicações que requerem medições exactas.
- **Formatação flexível:** Permite a personalização do formato de apresentação (casas decimais, unidades) para diferentes requisitos de medição.

Aplicações:

- **Instrumentos de laboratório:** Multímetros digitais, osciloscópios e espectrofotómetros para medições científicas.
- **Eletrónica de consumo:** Termómetros digitais, balanças e temporizadores para uso doméstico e pessoal.

6.1.3 Gravadores de cartas

Os registadores de gráficos fornecem uma representação gráfica contínua dos dados ao longo do tempo, oferecendo uma perspetiva histórica dos parâmetros medidos. Utilizam gráficos em papel ou ecrãs digitais para traçar pontos de dados, permitindo a fácil identificação de tendências, padrões e anomalias.

- **Registadores de caneta e tinta:** Utilizar canetas mecânicas para desenhar em gráficos de papel, registando dados continuamente ou em tempo real.
- **Gravadores de cartas digitais:** Substitua as cartas de papel por ecrãs digitais ou meios de armazenamento, oferecendo a conveniência do registo e análise de dados electrónicos.

Caraterísticas:

- **Acompanhamento histórico:** Regista tendências e variações nos dados durante períodos prolongados, essenciais para a monitorização e análise de processos.
- **Anotação de gráficos:** Permite aos operadores anotar gráficos com comentários ou eventos para correlação com as tendências dos dados.

Aplicações:

- **Monitorização ambiental:** Registo dos parâmetros de temperatura, humidade e qualidade do ar ao longo do tempo em ambientes controlados.
- **Monitorização médica:** Monitorização de parâmetros fisiológicos, como o ritmo cardíaco, a pressão arterial e a frequência respiratória em ambientes de cuidados de saúde.

6.2 Técnicas de visualização de dados

A visualização de dados melhora a interpretação e a compreensão de conjuntos de dados complexos através da representação gráfica. São utilizadas diferentes técnicas com base na natureza dos dados e no público-alvo da análise visual.

6.2.1 Gráficos de barras

Os gráficos de barras apresentam dados utilizando barras rectangulares de comprimentos variáveis, em que o comprimento de cada barra representa a magnitude de uma variável específica. São eficazes para comparar valores entre diferentes categorias ou períodos de tempo.

- **Barras horizontais e verticais:** Orientadas horizontal ou verticalmente, consoante o estilo de apresentação e o espaço disponível.
- **Barras agrupadas ou empilhadas:** As barras agrupadas comparam múltiplas variáveis dentro de cada categoria, enquanto as barras empilhadas mostram partes de um todo para cada categoria.

Aplicações:

- **Estudos de mercado:** Comparação dos valores de vendas entre diferentes categorias de produtos ou regiões.
- **Análise financeira:** Exibição de dotações orçamentais, fluxos de receitas e repartições de despesas.

6.2.2 Leitores digitais

As leituras digitais (DROs) apresentam valores numéricos diretamente sem representação gráfica, fornecendo medições precisas para monitorização e controlo em tempo real.

- **Ecrãs numéricos:** Apresenta valores numéricos com unidades e casas decimais opcionais, facilitando a avaliação rápida dos dados.
- **Atualização dinâmica:** Actualiza continuamente as leituras à medida que os dados mudam em tempo real, adequado para parâmetros que mudam rapidamente.

Aplicações:

- **Máquinas-ferramentas:** Monitorização da posição, velocidade e taxas de avanço em operações de maquinagem CNC.
- **Controlo de processos:** Visualização de temperatura, pressão e taxas de fluxo em sistemas de automação industrial.

6.2.3 Gráficos

Os gráficos representam graficamente os pontos de dados utilizando linhas, pontos ou símbolos traçados em eixos coordenados, oferecendo uma perspetiva das tendências, correlações e padrões ao longo do tempo ou entre variáveis.

- **Gráficos de linhas:** Ligue pontos de dados com linhas rectas para visualizar tendências em séries de dados contínuas ao longo do tempo.
- **Gráficos de dispersão:** Traçar pontos de dados individuais sem linhas de ligação, adequados para apresentar relações entre duas variáveis.

Aplicações:

- **Investigação científica:** Análise de dados experimentais, tendências das alterações climáticas e dinâmica das populações.
- **Controlo de qualidade:** Monitorização dos parâmetros do processo, taxas de defeitos e desempenho do produto ao longo do tempo.

6.3 Técnicas de registo de dados

As técnicas de registo de dados capturam e armazenam os dados adquiridos para fins de arquivo, análise e elaboração de relatórios. Estas técnicas variam desde o registo tradicional em papel até às modernas soluções de armazenamento digital.

6.3.1 Registo de papel

O registo em papel envolve a impressão ou o traçado de dados diretamente em gráficos de papel, utilizando registadores de caneta e tinta. Cada registador consiste normalmente numa caneta mecânica ou estilete que se move através do papel em resposta a sinais de entrada analógicos, registando dados continuamente ou em intervalos especificados.

- **Gráficos de tiras contínuas:** Registar dados de forma contínua num gráfico de papel em movimento, oferecendo uma linha de tempo visual das medições.
- **Gravadores de gráficos circulares:** Traçar dados radialmente num gráfico circular de papel, rodando a uma velocidade constante para registar padrões de dados cíclicos.

Caraterísticas:

- **Documentação em papel:** Fornece registos físicos para conformidade, pistas de auditoria e análise histórica.
- **Visualização em tempo real:** Oferece feedback imediato sobre as tendências e anomalias dos dados durante o registo.

Aplicações:

- **Monitorização industrial:** Monitorização de parâmetros de processo como a temperatura, pressão e caudais na indústria transformadora e nos serviços públicos.
- **Monitorização ambiental:** Registo de dados meteorológicos, medições da qualidade do ar e atividade sísmica durante períodos prolongados.

6.3.2 Armazenamento digital

As técnicas de armazenamento digital capturam e armazenam dados em formatos electrónicos utilizando dispositivos de memória, bases de dados ou soluções baseadas na nuvem. Oferecem escalabilidade, acessibilidade e funcionalidades avançadas para análise e gestão de dados.

- **Dispositivos de memória:** Utilizar o armazenamento interno (discos rígidos, unidades de estado sólido) ou cartões de memória externos para armazenar os dados adquiridos em formato digital.
- **Sistemas de bases de dados:** Armazenar dados estruturados em bases de dados relacionais (SQL, NoSQL) para consulta, análise e integração eficientes com outros sistemas.
- **Soluções baseadas na nuvem:** Armazenar e gerir dados em servidores remotos acedidos através da Internet, oferecendo escalabilidade, redundância e funcionalidades de colaboração.

Caraterísticas:

- **Acessibilidade de dados:** Permite o acesso remoto aos dados armazenados para análise, elaboração de relatórios e tomada de decisões.

- **Segurança dos dados:** Implementa encriptação, controlos de acesso e mecanismos de cópia de segurança para proteger a integridade e a confidencialidade dos dados.

Aplicações:

- **Monitorização remota:** Capturar e armazenar dados de sensores distribuídos e dispositivos IoT em infra-estruturas inteligentes e sistemas de monitorização remota.
- **Análise de grandes volumes de dados:** Análise de grandes conjuntos de dados para análise de tendências, modelação preditiva e inteligência empresarial em diversos sectores.

Capítulo 7:
Análise de erros de medição

A análise de erros de medição é um aspeto fundamental para garantir a precisão, fiabilidade e validade das medições científicas, de engenharia e industriais. Esta panorâmica abrangente explora as fontes de erros de medição, distingue entre erros sistemáticos e aleatórios, examina técnicas de análise de erros e discute estratégias para reduzir os erros através da calibração e do cálculo da média dos sinais.

7.1 Fontes de erros de medição

Os erros de medição podem ter origem em várias fontes ao longo do processo de medição. A compreensão destas fontes é crucial para identificar, quantificar e mitigar potenciais imprecisões na aquisição e análise de dados.

1. **Erros de instrumentação:**
   - **Resolução:** Limitações da mais pequena alteração detetável pelo instrumento.
   - **Calibração:** Desvio das leituras do instrumento em relação aos valores reais devido a uma calibração incorrecta ou a um desvio ao longo do tempo.
   - **Sensibilidade:** Variação da resposta do instrumento a alterações nos parâmetros de entrada.
   - **Erros de zero:** Desvios ou enviesamentos que afectam as leituras de base do instrumento.
2. **Condições ambientais:**
   - **Temperatura:** Efeitos térmicos que alteram as propriedades dos materiais ou o desempenho dos instrumentos.
   - **Humidade:** A humidade que afecta os componentes eléctricos ou as medições físicas.
   - **Pressão:** As alterações da pressão atmosférica influenciam as medições baseadas em fluidos.
3. **Erros do operador:**
   - **Paralaxe:** Discrepâncias de ângulo de visão na leitura de escalas ou indicadores.
   - **Técnica:** Técnicas de medição inconsistentes que afectam a repetibilidade.
   - **Tempo de reação:** Atraso na resposta para registar as medições com precisão.

4. **Variabilidade da amostra:**
   - **Heterogeneidade:** variações naturais dentro da amostra que afectam a consistência da medição.
   - **Preparação das amostras:** Imprecisões nos procedimentos de manuseamento ou preparação das amostras.
5. **Interferência externa:**
   - **Interferência electromagnética (EMI):** Ruído elétrico proveniente de equipamentos ou linhas eléctricas próximas.
   - **Vibrações e choques mecânicos:** perturbações físicas que afectam as medições sensíveis.
6. **Factores humanos:**
   - **Fadiga:** A fadiga do operador leva a uma diminuição da atenção e da precisão.
   - **Preconceito:** Noções ou expectativas pré-concebidas que influenciam os resultados da medição.

7.2 Erros sistemáticos vs aleatórios

Os erros de medição podem ser classificados em erros sistemáticos e aleatórios, cada um exigindo abordagens distintas para a identificação, quantificação e correção.

1. **Erros sistemáticos:**
   - **Definição:** Os erros sistemáticos distorcem consistentemente as medições numa direção em relação ao valor real, independentemente do número de medições efectuadas.
   - **Causas:** Resulta de problemas de calibração, de desvios do instrumento, de condições ambientais ou de enviesamentos processuais.
   - **Caraterísticas:** Manifestam-se como desvios, factores de escala ou enviesamentos proporcionais que afectam todas as medições uniformemente.
   - **Impacto:** Os erros sistemáticos conduzem a imprecisões que persistem ao longo do processo de medição, a menos que sejam corrigidos.
2. **Erros aleatórios:**
   - **Definição:** Os erros aleatórios flutuam de forma imprevisível em torno do valor real devido à variabilidade inerente às condições de medição ou à sensibilidade do equipamento.

- **Causas:** Resultam de flutuações estatísticas, ruído ambiental ou pequenas inconsistências nas técnicas de medição.
- **Caraterísticas:** Apresentam-se como dispersão em torno do valor médio quando são efectuadas várias medições em condições idênticas.
- **Impacto:** Os erros aleatórios afectam a precisão ao introduzirem incerteza ou variabilidade nos resultados da medição.

7.3 Técnicas de análise de erros

As técnicas de análise de erros visam quantificar e caraterizar os erros de medição, fornecendo informações sobre a exatidão, precisão e fiabilidade dos dados adquiridos. Os métodos comuns incluem a análise estatística, a estimativa da incerteza e as técnicas de propagação de erros.

1. **Análise estatística:**
   - **Média e desvio padrão:** Calcular a média (média) e a dispersão (desvio padrão) de várias medições para avaliar a tendência central e a variabilidade.
   - **Histogramas e distribuições de frequência:** Traçar a distribuição de dados para visualizar o intervalo e a frequência dos valores de medição.
   - **Distribuições de probabilidade:** Modelar incertezas de medição utilizando funções de distribuição Gaussianas (normais), Poisson ou outras.
2. **Estimativa da incerteza:**
   - **Incerteza de tipo A:** Quantificar a incerteza com base na análise estatística de medições repetidas ou conjuntos de dados.
   - **Incerteza do tipo B:** Avaliar a incerteza de fontes como certificados de calibração, especificações de instrumentos ou condições ambientais.
   - **Incerteza combinada:** Agregar as incertezas do Tipo A e do Tipo B para derivar a incerteza global de medição utilizando regras de propagação (por exemplo, o método da raiz quadrada da soma).
3. **Propagação de erros:**
   - **Propagação de erros:** Calcular incertezas propagadas em quantidades derivadas (por exemplo, calculadas a partir de múltiplos valores medidos) utilizando fórmulas de propagação de erros.

- **Análise de sensibilidade:** Avaliar o impacto das incertezas de entrada nas medições ou cálculos de saída através de coeficientes de sensibilidade ou simulações de Monte Carlo.

7.4 Estratégias de redução de erros

A atenuação dos erros de medição implica a aplicação de estratégias para minimizar os enviesamentos sistemáticos, reduzir a variabilidade aleatória e melhorar a exatidão e a fiabilidade globais da medição.

1. **Calibração:**
    - **Objetivo:** Estabelecer a rastreabilidade e a precisão dos instrumentos de medição, comparando as suas leituras com padrões conhecidos.
    - **Procedimentos de calibração:** Efetuar calibrações periódicas utilizando materiais de referência certificados ou padrões de calibração para ajustar as leituras dos instrumentos e corrigir erros sistemáticos.
    - **Certificados de Calibração:** Documentar resultados de calibração e ajustes para registos de auditoria e conformidade com normas de qualidade (por exemplo, ISO 9001).
2. **Cálculo da média dos sinais:**
    - **Técnicas de cálculo da média:** Combinar várias medições para reduzir o ruído aleatório e melhorar a relação sinal/ruído.
    - **Cálculo da média temporal:** Integrar medições ao longo do tempo para suavizar as flutuações causadas por variações aleatórias ou ruído ambiental.
    - **Cálculo da média espacial:** Agregar medições de múltiplos pontos espaciais para mitigar variações locais e melhorar a resolução espacial.
3. **Controlo ambiental:**
    - **Estabilizar as condições:** Manter parâmetros ambientais estáveis (por exemplo, temperatura, humidade) para minimizar o seu impacto na precisão da medição.
    - **Blindagem e filtragem:** Aplicar técnicas de blindagem (por exemplo, gaiolas de Faraday) e de filtragem (por exemplo, filtros passa-baixo) para atenuar as interferências electromagnéticas e o ruído.

4. **Garantia de qualidade e boas práticas de medição:**
   - **Procedimentos Operacionais Normalizados (SOPs):** Documentar e aderir a procedimentos normalizados para medição, calibração e registo de dados.
   - **Formação e competência:** Fornecer ao pessoal formação sobre técnicas de medição corretas, funcionamento do equipamento e reconhecimento de erros.
   - **Melhoria contínua:** Implementar mecanismos de feedback, acções corretivas e revisões periódicas para melhorar os processos de medição e reduzir os erros ao longo do tempo.

Capítulo 8:
Sistemas de controlo

Os sistemas de controlo são essenciais em engenharia e automação, permitindo a regulação e manipulação de sistemas físicos para alcançar os comportamentos ou resultados desejados. Esta panorâmica abrangente explora os fundamentos dos sistemas de controlo, discute as diferenças entre sistemas de circuito aberto e de circuito fechado, introduz os controladores PID e examina as aplicações dos sistemas de controlo na medição.

8.1 Noções básicas de sistemas de controlo

Um sistema de controlo inclui componentes e processos que trabalham em conjunto para manter ou modificar o comportamento de um sistema. Os elementos fundamentais de um sistema de controlo incluem:

1. **Instalação (sistema):** O sistema físico ou processo a ser controlado, que pode ser mecânico, elétrico, químico, biológico ou qualquer combinação destes.
2. **Entrada (Referência):** O valor desejado ou ponto de ajuste que o sistema pretende alcançar ou manter. Representa a saída ou o comportamento alvo do sistema.
3. **Saída:** A resposta ou comportamento atual do sistema, que é medido e comparado com o sinal de entrada ou de referência.
4. **Controlador:** O dispositivo ou algoritmo que calcula a ação de controlo com base na diferença entre os sinais de entrada e de saída. Determina a forma como o sistema ajusta o seu comportamento para atingir o resultado pretendido.
5. **Feedback (Sensor):** O mecanismo que mede a saída do sistema e fornece feedback ao controlador. A realimentação permite que o sistema se ajuste continuamente e corrija os desvios da saída desejada.
6. **Atuador:** O componente que recebe o sinal de controlo do controlador e o traduz em ação física ou manipulação do sistema.

8.2 Sistemas de controlo em malha aberta vs. em malha fechada

Os sistemas de controlo podem ser classificados em sistemas de circuito aberto e sistemas de circuito fechado (feedback) com base na presença de feedback da saída para a entrada.

8.2.1 Sistemas de controlo em circuito aberto

- **Definição:** Os sistemas de controlo de ciclo aberto funcionam sem feedback da saída para a entrada. O controlador gera um sinal de controlo baseado apenas no sinal de entrada ou de referência.
- **Caraterísticas:**
  - **Conceção simples:** Tipicamente mais simples e menos dispendioso em comparação com os sistemas de circuito fechado.
  - **Precisão limitada:** Suscetível a perturbações, incertezas e variações no sistema ou no ambiente.
  - **Comportamento fixo:** A saída é determinada pelo comando de entrada sem correção com base na resposta real do sistema.
- **Aplicações:**
  - **Processos em lote:** Sistemas em que o controlo preciso ao longo do tempo é menos crítico, como em alguns processos de fabrico.
  - **Operações simples:** Aplicações básicas em que são aceitáveis variações na saída devido a perturbações.

8.2.2 Sistemas de controlo em malha fechada (feedback)

- **Definição:** Os sistemas de controlo em circuito fechado utilizam o feedback da saída para a entrada para ajustar continuamente a ação de controlo e manter o comportamento desejado do sistema.
- **Caraterísticas:**
  - **Precisão melhorada:** O feedback permite que o sistema corrija erros e perturbações, mantendo o desempenho desejado.
  - **Robustez:** Mais resistente a alterações na dinâmica do sistema, perturbações e incertezas.
  - **Conceção complexa:** Normalmente, é mais complexo e dispendioso devido ao circuito de retorno e aos componentes adicionais (sensores, actuadores).
- **Componentes:**
  - **Circuito de realimentação:** O sinal de saída é comparado com o sinal de referência para gerar um sinal de erro.
  - **Controlador:** Calcula o sinal de controlo com base no sinal de erro e ajusta o comportamento do sistema.

- **Sensor (elemento de feedback):** Mede a saída real do sistema e fornece feedback ao controlador.
- **Aplicações:**
  - **Controlo de precisão:** Aplicações que exigem um desempenho preciso e estável, como na robótica, aeroespacial e sistemas de controlo automóvel.
  - **Processos regulamentares:** Sistemas em que é fundamental manter uma produção consistente apesar das perturbações, como no controlo da temperatura e no processamento de produtos químicos.

8.3 Introdução aos controladores PID

Os controladores PID (Proporcional-Integral-Derivativo) são amplamente utilizados em sistemas de controlo de circuito fechado para regular o comportamento do sistema, ajustando o sinal de controlo com base no erro entre o ponto de ajuste desejado e a saída real.

8.3.1 Componentes do controlador PID

1. **Proporcional (P) Termo:**
   - **Objetivo:** Diretamente proporcional ao erro atual (diferença entre o ponto de regulação e a saída real).
   - **Efeito:** Dá uma resposta imediata ao erro, influenciando a magnitude da ação de controlo.
2. **Integral (I) Termo:**
   - **Objetivo:** Integra o erro ao longo do tempo, compensando os erros ou desvios em estado estacionário.
   - **Efeito:** Elimina o erro residual, ajustando o sinal de controlo com base nos erros passados acumulados.
3. **Derivado (D) Termo:**
   - **Objetivo:** Prevê tendências de erro futuras com base na taxa de variação do erro.
   - **Efeito:** Amortece as oscilações e melhora a estabilidade do sistema, antecipando e reagindo a mudanças rápidas no erro.

8.3.2 Aplicações dos controladores PID

- **Controlo da temperatura:** Manutenção de temperaturas estáveis em fornos, fornalhas e sistemas HVAC.
- **Controlo do movimento:** Regulação da posição e da velocidade em robótica e maquinaria automatizada.
- **Controlo de processos:** Controlo de caudais, níveis e pressões em processos industriais.

8.4 Aplicações dos sistemas de controlo na medição

Os sistemas de controlo desempenham um papel fundamental nas aplicações de medição em vários domínios, melhorando a precisão, estabilidade e fiabilidade na aquisição e análise de dados.

8.4.1 Automação industrial

- **Controlo de processos:** Regulação de variáveis como a temperatura, pressão, caudais e concentrações químicas em processos de fabrico e químicos.
- **Controlo de qualidade:** Assegurar a consistência e a precisão das dimensões, tolerâncias e propriedades dos materiais dos produtos.

8.4.2 Indústria aeroespacial e automóvel

- **Sistemas de controlo de voo:** Estabilização da atitude, altitude e trajetória da aeronave durante as operações de voo.
- **Dinâmica do veículo:** Melhorar a estabilidade, o comportamento e a segurança através do controlo eletrónico da estabilidade (ESC) e dos sistemas de travagem antibloqueio (ABS).

8.4.3 Robótica e controlo de movimentos

- **Manipulação e montagem:** Controlo de braços robóticos e pinças para tarefas precisas de manipulação e montagem no fabrico e na logística.
- **Planeamento de trajectórias:** Otimização de trajectórias e perfis de movimento para obter movimentos eficientes e precisos em sistemas autónomos.

8.4.4 Monitorização ambiental

- **Controlo climático:** Manutenção de condições óptimas em ambientes controlados, como estufas, salas limpas e habitats de animais.
- **Controlo da poluição:** Monitorizar e regular as emissões, a qualidade do ar e os processos de tratamento da água para cumprir as normas ambientais.

8.4.5 Biomédicos e cuidados de saúde

- **Monitorização de doentes:** Monitorização de sinais vitais e parâmetros fisiológicos em ambientes de cuidados de saúde para garantir a segurança do doente e a eficácia do tratamento.
- **Dispositivos médicos:** Regulação de sistemas de administração de medicamentos, bombas de infusão e dispositivos terapêuticos para uma dosagem exacta e cuidados aos doentes.

Capítulo 9:

Aplicações industriais

As indústrias dependem fortemente de tecnologias avançadas para otimizar processos, garantir a qualidade dos produtos e maximizar a eficiência. Esta visão geral abrangente explora o papel da medição e instrumentação nos processos industriais, a importância do controlo e automação de processos e fornece estudos de casos para ilustrar aplicações reais em diversos sectores industriais.

9.1 Medição e instrumentação em processos industriais

A medição e a instrumentação são componentes críticos dos processos industriais, permitindo a monitorização, o controlo e a otimização precisos de vários parâmetros essenciais para a produção, a segurança e a conformidade regulamentar.

9.1.1 Importância da medição e da instrumentação

1. **Monitorização e controlo de processos:**
   - **Medição de parâmetros:** Monitorização de variáveis como a temperatura, pressão, caudais e concentrações químicas para garantir condições de funcionamento óptimas.
   - **Garantia de qualidade:** Verificação da qualidade do produto através da medição exacta das dimensões, tolerâncias e propriedades dos materiais.
   - **Conformidade de segurança:** Monitorização das condições ambientais e das emissões para cumprir as normas regulamentares e garantir a segurança no local de trabalho.
2. **Aquisição e análise de dados:**
   - **Dados em tempo real:** Recolha de dados em tempo real para analisar tendências, detetar anomalias e tomar decisões informadas para a otimização de processos.
   - **Dados históricos:** Arquivamento de dados para análise histórica, resolução de problemas e melhoria contínua de processos e produtos.

3. **Tecnologias de instrumentação:**
   - **Sensores e transdutores:** Conversão de parâmetros físicos em sinais eléctricos mensuráveis, utilizando tecnologias como termopares, transdutores de pressão, medidores de fluxo e sensores de nível.
   - **Condicionamento de sinais:** Amplificação, filtragem e processamento de sinais para melhorar a precisão e a fiabilidade antes da aquisição de dados.

9.1.2 Desafios na medição industrial

1. **Ambientes agressivos:** Condições de funcionamento como temperaturas extremas, humidade elevada, vibração e atmosferas corrosivas requerem instrumentação robusta e medidas de proteção.
2. **Exatidão e calibração:** Assegurar que os instrumentos são calibrados regularmente para manter a precisão e a fiabilidade, seguindo frequentemente normas como a ISO 9001 para sistemas de gestão da qualidade.
3. **Integração e compatibilidade:** Integração de diversos dispositivos e sistemas de medição em redes coesas para uma troca de dados sem falhas e uma monitorização centralizada.

9.2 Controlo e automatização de processos

O controlo e a automação de processos desempenham um papel fundamental no aumento da eficiência, na redução dos custos e na garantia da consistência das operações industriais através da monitorização, análise e ajuste automatizados das variáveis do processo.

9.2.1 Componentes dos sistemas de controlo de processos

1. **Arquitetura de sistemas de controlo:**
   - **Loops de feedback:** Utilização de sistemas de controlo em circuito fechado com sensores, controladores (tais como controladores PID), actuadores e mecanismos de feedback para manter as condições de processo desejadas.
   - **Controlo de supervisão:** Implementação de sistemas de controlo de supervisão e aquisição de dados (SCADA) para monitorização e controlo centralizados de múltiplos processos.

2. **Tecnologias de automatização:**
   - **Controladores lógicos programáveis (PLCs):** Implementação de PLCs para executar algoritmos de controlo baseados na lógica e automatizar processos sequenciais e em lote.
   - **Sistemas de Controlo Distribuído (DCS):** Gestão de processos complexos em vários locais através de sistemas de controlo integrados para uma maior escalabilidade e flexibilidade.

9.2.2 Vantagens do controlo e da automatização dos processos

1. **Eficiência melhorada:** Otimização da utilização de recursos, minimização do tempo de inatividade e redução dos tempos de ciclo através de controlo e programação automatizados.
2. **Segurança reforçada:** Implementação de sistemas e protocolos de segurança automatizados para reduzir os riscos e responder rapidamente a emergências.
3. **Garantia de qualidade:** Assegurar a qualidade consistente do produto e a conformidade com as especificações através do controlo preciso das variáveis do processo.

9.3 Casos de estudo: Aplicações industriais

Estudos de casos reais ilustram a aplicação da medição, instrumentação, controlo de processos e automação em diversos sectores industriais, demonstrando o seu impacto na produtividade, qualidade e eficiência operacional.

9.3.1 Indústria transformadora

Estudo de caso 1: Linha de montagem automóvel

- **Aplicação:** Integração de sensores e sistemas de controlo baseados em PLC numa linha de montagem automóvel.
- **Vantagens:** Melhoria da eficiência da produção, redução dos tempos de ciclo e aumento da qualidade do produto através de processos automatizados de manuseamento de peças, soldadura e montagem.
- **Tecnologias:** Utilização de sistemas de visão para inspeção de qualidade, braços robóticos para colocação precisa de componentes e RFID para gestão de inventário.

9.3.2 Processamento químico

Estudo de caso 2: Fábrica petroquímica

- **Aplicação:** Medição e controlo da temperatura, pressão e caudais de produtos químicos num processo de refinação petroquímica.
- **Benefícios:** Garantiu a segurança e a conformidade com os regulamentos ambientais, monitorizando as emissões e mantendo a integridade do processo.
- **Tecnologias:** Utilização de analisadores de processos avançados, sistemas de controlo distribuídos (DCS) e sistemas instrumentados de segurança (SIS) para paragens de emergência.

9.3.3 Indústria alimentar e das bebidas

Estudo de caso 3: Operações da fábrica de cerveja

- **Aplicação:** Controlo da temperatura e monitorização da fermentação numa linha de produção de cerveja.
- **Benefícios:** Qualidade consistente do produto, perfil de sabor e eficiência da fermentação através da regulação precisa da temperatura e da monitorização da atividade da levedura.
- **Tecnologias:** Implementação de sensores de temperatura, controladores PID para regulação da temperatura e sistemas SCADA para monitorização do processo e registo de dados.

9.3.4 Produção de eletricidade

Estudo de caso 4: Energias renováveis

- **Aplicação:** Controlo e otimização de sistemas de produção de energia solar fotovoltaica (PV).
- **Benefícios:** Maximização da produção de energia, eficiência e fiabilidade através da monitorização em tempo real da irradiância solar, da temperatura do painel e do desempenho do inversor.

- **Tecnologias:** Integração de estações meteorológicas, registadores de dados e plataformas de monitorização baseadas na nuvem para operação e manutenção remotas.

Capítulo 10:
Tendências emergentes

Os avanços tecnológicos estão continuamente a remodelar o panorama dos sistemas de medição, melhorando a precisão, a eficiência e a conetividade em várias aplicações. Esta panorâmica abrangente explora as tendências emergentes em técnicas de medição avançadas, como a nanotecnologia e os MEMS, a implantação de redes de sensores sem fios (WSN), a integração da Internet das Coisas (IoT) em sistemas de medição e as futuras direcções na instrumentação.

10.1 Técnicas de medição avançadas

10.1.1 Nanotecnologia em sistemas de medição

A nanotecnologia revolucionou as capacidades de medição ao permitir a manipulação e medição de materiais ao nível da nanoescala, oferecendo uma sensibilidade, resolução e funcionalidade sem precedentes.

1. **Sensores nanomecânicos:**
   - **Princípios:** Utilizar estruturas mecânicas à nanoescala (por exemplo, cantilevers, ressonadores) para detetar e medir pequenas forças, massas e biomoléculas.
   - **Aplicações:** Deteção biomolecular, monitorização ambiental e diagnóstico médico (por exemplo, deteção de vírus, proteínas e ADN).
2. **Técnicas de imagiologia à nanoescala:**
   - **Microscopia de varrimento por sonda (SPM):** Inclui a microscopia de força atómica (AFM) e a microscopia de túnel de varrimento (STM) para imagiologia de alta resolução e manipulação de superfícies às escalas atómica e molecular.
   - **Aplicações:** Caracterização de superfícies, análise de materiais e fabrico de dispositivos à nanoescala.
3. **Sistemas Nano-Electromecânicos (NEMS):**
   - **Integração:** Combinar componentes eléctricos e mecânicos à nanoescala para criar sensores e actuadores altamente sensíveis.

- o **Aplicações:** Acelerómetros, giroscópios e ressonadores para deteção inercial e monitorização de vibrações na indústria aeroespacial, automóvel e eletrónica de consumo.

10.1.2 Sistemas Micro-Electro-Mecânicos (MEMS)

A tecnologia MEMS integra componentes à escala microscópica, como sensores, actuadores e eletrónica, num único chip, permitindo soluções de medição compactas, de baixo consumo e económicas.

1. **Acelerómetros e giroscópios:**
   - o **Funcionalidade:** Medir a aceleração e a taxa angular, cruciais para os sistemas de navegação inercial, o seguimento do movimento e a estabilização em dispositivos móveis e veículos.
   - o **Aplicações:** Rastreadores de fitness vestíveis, veículos autónomos e sistemas de orientação aeroespaciais.
2. **Sensores de pressão:**
   - o **Princípios de funcionamento:** Utilizar estruturas MEMS (por exemplo, capacitivas, piezoresistivas) para medir variações de pressão com elevada precisão e fiabilidade.
   - o **Aplicações:** Controlo de processos industriais, monitorização da pressão dos pneus de automóveis e dispositivos médicos (por exemplo, monitores de pressão sanguínea).
3. **Dispositivos microfluídicos:**
   - o **Miniaturização:** Manipular pequenos volumes de fluidos e efetuar análises químicas, sequenciação de ADN e administração de medicamentos em aplicações biomédicas e farmacêuticas.
   - o **Aplicações:** Diagnósticos no local de prestação de cuidados, sistemas de laboratório numa pastilha e monitorização ambiental.

10.2 Redes de sensores sem fios (RSSF)

As redes de sensores sem fios são constituídas por sensores autónomos distribuídos espacialmente que comunicam sem fios para monitorizar as condições físicas ou ambientais, fornecendo capacidades de recolha e análise de dados em tempo real.

10.2.1 Principais caraterísticas e aplicações

1. **Monitorização remota:**
   - **Implantação:** Distribuir sensores em ambientes remotos ou perigosos para monitorização contínua sem intervenção humana.
   - **Aplicações:** Agricultura (monitorização das culturas, humidade do solo), monitorização ambiental (qualidade do ar, qualidade da água) e infra-estruturas (monitorização do estado das estruturas).
2. **Eficiência energética:**
   - **Gestão de energia:** Utilizar sensores de baixo consumo e técnicas de recolha de energia (por exemplo, solar, vibração) para prolongar o tempo de vida da rede e reduzir os custos de manutenção.
   - **Aplicações:** Edifícios inteligentes (gestão de energia, deteção de ocupação) e automação industrial (monitorização do estado das máquinas, manutenção preditiva).
3. **Fusão e análise de dados:**
   - **Integração:** Agregar dados de vários sensores para aumentar a precisão, fiabilidade e compreensão contextual dos fenómenos monitorizados.
   - **Aplicações:** Cidades inteligentes (monitorização do tráfego, gestão de resíduos), cuidados de saúde (monitorização de idosos, seguimento de doentes) e gestão de catástrofes (sistemas de alerta precoce).

10.3 Internet das coisas (IoT) nos sistemas de medição

A IoT integra dispositivos físicos, sensores, actuadores e conetividade de rede para permitir a troca de dados sem descontinuidades e o controlo automatizado em diversas aplicações, revolucionando os sistemas de medição em todas as indústrias.

10.3.1 Integração da IoT nos sistemas de medição

1. **Monitorização e controlo em tempo real:**
   - **Conectividade:** Permitir o acesso remoto e o controlo dos dispositivos de medição através de plataformas na nuvem, melhorando a eficiência operacional e a capacidade de resposta.

- **Aplicações:** Automação industrial (fábricas inteligentes, manutenção preditiva), redes inteligentes (gestão de energia, resposta à procura) e logística (monitorização da cadeia de abastecimento, localização de activos).

2. **Insights baseados em dados:**
   - **Análise de Big Data:** Analisar grandes volumes de dados de sensores para obter informações acionáveis, otimizar processos e apoiar a tomada de decisões.
   - **Aplicações:** Análise preditiva (previsão de falhas de equipamento, otimização de processos), agricultura de precisão (gestão de culturas, programação de irrigação) e cuidados de saúde (monitorização remota de doentes, medicina personalizada).
3. **Segurança e interoperabilidade:**
   - **Normas e protocolos:** Implementar protocolos de comunicação seguros (por exemplo, MQTT, CoAP) e medidas de segurança IoT (encriptação, autenticação) para proteger a integridade e a privacidade dos dados.
   - **Aplicações:** Casas inteligentes (domótica, sistemas de segurança), automóvel (veículos conectados, telemática) e cuidados de saúde (IoMT - Internet of Medical Things).

10.4 Tendências futuras em instrumentação

O futuro da instrumentação é moldado pelos avanços na tecnologia de sensores, análise de dados e conetividade, abrindo caminho para soluções de medição mais inteligentes e integradas.

10.4.1 Tecnologias emergentes e inovações

1. **Sensores quânticos:**
   - **Princípios:** Aproveitar os fenómenos quânticos (por exemplo, sobreposição, emaranhamento) para medições ultra-sensíveis de campos magnéticos, gravidade e ondas electromagnéticas.
   - **Aplicações:** Exploração geofísica, navegação (ambientes sem GPS) e imagiologia médica (ressonância magnética - MRI).
2. **Sensores flexíveis e vestíveis:**

- **Materiais:** Desenvolver sensores que utilizem substratos flexíveis (p. ex., polímeros, grafeno) para a monitorização conformável e não invasiva de sinais fisiológicos (p. ex., ritmo cardíaco, níveis de glucose).
- **Aplicações:** Cuidados de saúde (monitores de saúde portáteis, vestuário inteligente), análise desportiva e interfaces homem-máquina (HMI).

3. **Aprendizagem automática e IA:**
    - **Integração:** Utilizar algoritmos de aprendizagem automática para melhorar o processamento de dados de sensores, a deteção de anomalias e a modelação preditiva em tempo real.
    - **Aplicações:** Sistemas autónomos (veículos autónomos, drones), robótica industrial (manutenção preditiva, controlo adaptativo) e redes inteligentes (previsão de energia, equilíbrio de carga).

Capítulo 11:
Apêndice

Neste apêndice, aprofundamos materiais de referência essenciais e informações pertinentes ao campo da medição e instrumentação. Os tópicos abordados incluem um glossário de termos, unidades e factores de conversão, e normas e organizações relevantes para as práticas e sistemas de medição.

11.1 Glossário de termos

Um glossário de termos fornece definições e explicações da terminologia chave utilizada em medição e instrumentação. A compreensão destes termos é crucial para uma comunicação e compreensão claras neste domínio.

11.1.1 Exemplo de glossário de termos

1. **Exatidão:** A proximidade de uma medição ao seu valor real.
2. **Calibração:** O processo de ajustar e verificar a exatidão de um instrumento ou sistema de medição por comparação com um padrão conhecido.
3. **Histerese:** O fenómeno em que a saída de um sistema depende não só da sua entrada atual mas também do seu histórico (entradas passadas).
4. **Resolução:** A mais pequena alteração numa quantidade a ser medida que causa uma alteração percetível no sinal de saída correspondente do sistema de medição.
5. **Sensor:** Um dispositivo ou transdutor que detecta e responde a um estímulo físico (por exemplo, temperatura, pressão, luz) e o converte num sinal elétrico.
6. **Rácio sinal-ruído (SNR):** Uma medida da força de um sinal em relação ao ruído de fundo.
7. **Transdutor:** Um dispositivo que converte uma forma de energia ou sinal noutra, normalmente convertendo quantidades físicas em sinais eléctricos (por exemplo, transdutores de temperatura, transdutores de pressão).
8. **Incerteza:** Uma estimativa do intervalo dentro do qual se encontra o valor real de uma quantidade medida, tendo em conta várias fontes de erro e limitações do processo de medição.

11.2 Unidades e factores de conversão

As unidades e os factores de conversão são essenciais para garantir a consistência e a compatibilidade das medições em diferentes sistemas e disciplinas. Fornecem unidades de medida padronizadas e valores de conversão para referência e aplicação convenientes.

11.2.1 Unidades de medida

1. **Unidades SI:** O Sistema Internacional de Unidades (SI) é a forma moderna do sistema métrico, amplamente utilizado na ciência, engenharia e comércio. As principais unidades do SI incluem o metro (m) para o comprimento, o quilograma (kg) para a massa, o segundo (s) para o tempo e o ampere (A) para a corrente eléctrica.
2. **Unidades derivadas:** Unidades derivadas das unidades de base do SI, como newton (N) para força, joule (J) para energia e pascal (Pa) para pressão.
3. **Unidades comuns não-SI:** Unidades frequentemente utilizadas juntamente com unidades SI, incluindo graus Celsius (°C) para temperatura, litro (L) para volume e minuto (min) para tempo.

11.2.2 Factores de conversão

Os factores de conversão facilitam a conversão entre diferentes unidades de medida, permitindo a comunicação e o cálculo sem problemas em diversas aplicações e disciplinas.

1. **Conversão de comprimentos:** Converter entre metros (m), centímetros (cm), polegadas (in), pés (ft) e milhas (mi).
2. **Conversão de temperatura:** Converter entre Celsius (°C), Fahrenheit (°F) e Kelvin (K).
3. **Conversão de pressão:** Converter entre pascal (Pa), bar, atmosfera (atm) e psi (libras por polegada quadrada).
4. **Conversão de volumes:** Converter entre litro (L), metro cúbico (m^3), galão (gal) e onça fluida (fl oz).

11.3 Normas e organizações de medição

As normas e organizações desempenham um papel crucial no estabelecimento da uniformidade, fiabilidade e garantia de qualidade nas práticas de medição. Fornecem orientações, especificações e quadros de acreditação para garantir a exatidão, a consistência e a interoperabilidade entre indústrias e aplicações.

11.3.1 Principais normas e organizações

1. **ISO (Organização Internacional de Normalização):**
   - **Função:** Desenvolve normas internacionais para produtos, serviços e sistemas para garantir a qualidade, segurança e eficiência.
   - **Exemplos:** ISO 9001 (Gestão da Qualidade), ISO 17025 (Laboratórios de Ensaio e Calibração), ISO 10012 (Sistemas de Gestão da Medição).
2. **NIST (Instituto Nacional de Normas e Tecnologia):**
   - **Função:** Promove a inovação e a competitividade industrial dos EUA através do avanço da ciência, das normas e da tecnologia de medição.
   - **Exemplos:** NIST Handbook of Mathematical Functions, NIST Traceable Calibration.
3. **IEEE (Instituto de Engenheiros Eléctricos e Electrónicos):**
   - **Função:** Fornece normas e orientações para as tecnologias eléctricas, electrónicas e da informação a nível mundial.
   - **Exemplos:** IEEE 1451 (normas de interface de transdutores inteligentes), IEEE 488 (barramento de interface de uso geral - GPIB).
4. **ASTM International (American Society for Testing and Materials):**
   - **Função:** Desenvolve e publica normas de consenso voluntário para materiais, produtos, sistemas e serviços.
   - **Exemplos:** ASTM E18 (Ensaio de dureza Rockwell), ASTM D792 (Densidade e gravidade específica).
5. **IEC (Comissão Eletrotécnica Internacional):**
   - **Função:** Desenvolve normas internacionais e sistemas de avaliação da conformidade para tecnologias eléctricas, electrónicas e afins.
   - **Exemplos:** IEC 60068 (Ensaios ambientais), IEC 61508 (Segurança funcional de sistemas eléctricos/electrónicos/electrónicos programáveis relacionados com a segurança).

11.3.2 Importância das normas

- **Garantir a compatibilidade:** Facilitar a interoperabilidade e a compatibilidade entre sistemas de medição e componentes de diferentes fabricantes.
- **Garantia de qualidade:** Estabelecer referências de precisão, fiabilidade e desempenho para cumprir as normas da indústria e os requisitos regulamentares.
- **Facilitar o comércio:** Harmonizar as especificações técnicas e a conformidade regulamentar para facilitar o comércio internacional e o acesso ao mercado.

Livros de referência

:Bentley, J. P. (2005). Principles of Measurement Systems. 4ª ed.. Pearson Education.

- Beckwith, T. G., Marangoni, R. D., & Lienhard, J. H. (2007). Mechanical Measurements. 6ª ed. Pearson Prentice Hall.
- Doebelin, E. O., & Manik, D. N. (2011). Sistemas de medição: Application and Design. 5th ed. McGraw-Hill.
- Morris, A. S., & Langari, R. (2012). Medição e instrumentação: Theory and Application. Academic Press.
- Holman, J. P. (2011). Métodos Experimentais para Engenheiros. 8.ª ed. McGraw-Hill.
- Northrop, R. B. (2005). Introdução à Instrumentação e Medições. 2ª ed.. CRC Press.
- Kumar, D. S. (2008). Mechanical Measurements and Control. Metropolitan Book Co.
- Webster, J. G., & Eren, H. (2014). Manual de Medição, Instrumentação e Sensores. 2a ed. CRC Press.
- Fraden, J. (2016). Manual de Sensores Modernos: Physics, Designs, and Applications. 5ª ed. Springer.
- Nakra, B. C., & Chaudhry, K. K. (2004). Instrumentação, Medição e Análise. 3ª ed. McGraw-Hill Education.

Printed by Books on Demand GmbH, Norderstedt / Germany